Separatismus in Europa am Beispiel von Skånepartiet und Tjóðveldi

Portfolioarbeit

Elias Häfele

Separatismus in Europa am Beispiel von Skånepartiet und Tjóðveldi

Portfolioarbeit

Elias Häfele

Impressum

Bibliografische Information der Deutschen Nationalbibliothek: Die Deutsche Nationalbibliothek verzeichnet diese Publikation in der Deutschen Nationalbibliografie; detaillierte bibliografische Daten sind im Internet über dnb.dnb.de abrufbar.

© 2019, Elias Häfele
Herstellung und Verlag: BoD – Books on Demand, Norderstedt

ISBN: 978-3-750411357

Inhaltsverzeichnis

Einführung 4

Zwei Separatistenbewegungen 7

   Skånepartiet (Die Scania-Partei, bzw. Schonen-Partei) 7

   Tjóðveldi (Die Republikaner) 10

Mögliche Folgen einer Sezession 14

   Schonen 14

   Färöer 18

Reflexion 20

Literaturverzeichnis 22

Abbildungsverzeichnis 27

Einführung

Auch wenn man angesichts der Berichterstattung in den Massenmedien einen anderen Eindruck bekommen könnte, gibt es nicht nur in Schottland und Katalonien den Wunsch nach einem eigenen souveränen Staat, auch in vielen weiteren Gebieten in Europa gibt es den Wunsch nach Sezession bzw. Separation (Eine Liste der derzeitigen Sezessionsbestrebungen in Europa findet sich unter http://www.webcitation.org/75t0W2ex4).

Die Sezessionsbestrebungen einer Teilbevölkerung bzw. einer Volksgruppe werden per Definition als **Separatismus** bezeichnet. Nun stellt sich die Frage, was die Separatisten Europas motiviert bzw. ob es eine Art gemeinsamen Nenner für den Drang zur Souveränität gibt?

Nach Meinung zahlreicher Expertinnen gibt es tatsächlich gemeinsame Abspaltungsmotive:

- Finanzielle Autonomie oder auch „**Wohlstandsseparatismus**" (Müller-Muralt 2017) genannt: In den Wirtschafts- und Finanzkrisen der letzten beiden Dekaden war in den betreffenden Regionen der Nationalismus stärker spürbar. Dieser ist vor allem durch den Wunsch nach mehr Wohlstand gekennzeichnet (Schmid 2012). So sind die Wirtschaftsdaten der betreffenden Regionen meist besser als im Rest des Landes und die politischen Kräfte stemmen sich gegen finanzielle Transferleistungen an die ärmeren Regionen (Müller-Muralt

2017).

- **Skeptizismus** gegenüber einer **EU** die als zentralistischer Verbund von Nationalstaaten organisiert ist: Es wird argumentiert, dass der Nationalstaat ein Hindernis auf dem Weg zu einem demokratischen Europa sei. Die Renaissance der Region hingegen führe zur Geburt eines neuen Europas. In anderen Worten: Die Nationen sollen leben, aber die Nationalstaaten sterben (Augstein 2017). Es wird aber – zumindest von den rationalen politischen Bewegungen - nicht die Abschaffung der Europäischen Union gefordert, sondern vielmehr eine EU, die wieder mehr dem Subsidiaritätsprinzip[1] folgt (Schmid 2012).

- Angst vor **Identitätsverlust** in Folge der Globalisierung: Alle Ethnien identifizieren und differenzieren sich hinsichtlich ihrer Sprache, ihrer Wertevorstellungen, auf Grund ihrer Sitten und Bräuche und natürlich durch ihre Geschichte von anderen Volksgruppen. Offene Grenzen, zunehmende Migration, steigende Arbeitslosigkeit und Lebenshaltungskosten, Unübersichtlichkeit sowie Terrorismus nähren eine wachsende Skepsis gegenüber der Idee des föderalen Staates und schüren Zukunftsängste innerhalb der Bevölkerung (Ubben 2014). Als Reaktion darauf wächst die Sehnsucht nach einer heilen kleinen Welt, nach Übersichtlichkeit und Ureigenem nach der „Gestaltung des Gestaltbaren" (Bittner u.a. 2012).

---

[1] Subsidiarität ist eine politische, wirtschaftliche und gesellschaftliche Maxime, die Selbstbestimmung, Eigenverantwortung und die Entfaltung der Fähigkeiten des Individuums, der Familie oder der Gemeinde anstrebt. Die jeweils größere gesellschaftliche oder staatliche Einheit soll nur dann, wenn die kleinere Einheit dazu nicht in der Lage ist, aktiv werden und regulierend, kontrollierend oder helfend eingreifen. **Hilfe zur Selbsthilfe** soll aber immer das oberste Handlungsprinzip der jeweils übergeordneten Instanz sein (Mändle 2019).

- Vergangenes, welches als **„erlittenes Unrecht"** im kollektiven Gedächtnis einer Ethnie oder Minderheit verankert ist: Unrecht wie Demütigung, Umerziehung, Verbot der Sprache, Verbannung, Gefängnis, Folter, Vertreibung, Enteignung, Landnahme oder Annektierung, kann über Generationen weiterwirken und sich quasi als „historischer Schmerz" in die DNA einer Volksgruppe einschreiben. Die durch Sezession erhoffte Befreiung davon verspricht eine rosige Zukunft.

Dabei gilt: *„Nicht Vernunft leitet sie, sondern Passion."* (Ladurner 2017).

Zwei Separatistenbewegungen

Aus der Vielzahl der europäischen Sezessionsbestrebungen habe ich zwei eher wenig beachtete Separatistenbewegungen ausgewählt, die aufgrund ihrer (politischen) Motivation und Zukunftsfähigkeit allerdings gegensätzlicher nicht sein könnten und die ich nachfolgend näher beschreiben will.

Skånepartiet (Die Scania-Partei, bzw. Schonen-Partei)

> *"Patriotism is the last refuge of a scoundrel."*
> *~ Samuel Johnson*

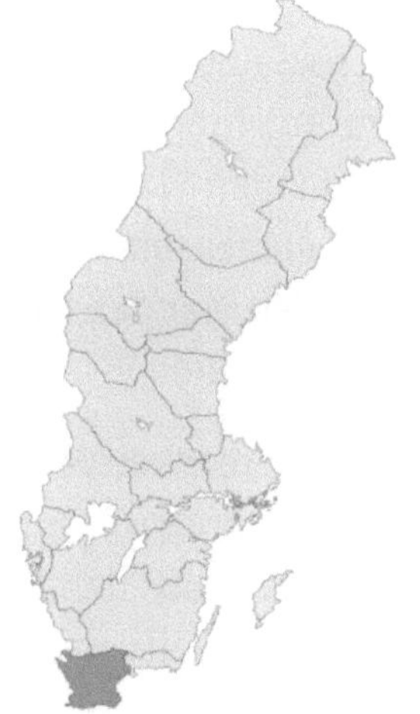

Abbildung 1: Lage von Schonen in Schweden. (Quelle: Wikimedia).

Die dem rechten Spektrum zugeordnete Schonen-Partei wurde im Jahr 1979 durch den heutigen Parteiführer und Populisten Carl P. Herslow (geb. am 14.11.1943) in Lund in der südschwedischen Provinz Schonen[2] gegründet. Die Partei basiert auf der 1977 in´s Leben gerufenen sog. Schonen-Bewegung, welche die regionale Autonomie für Schonen in den Bereichen Alkohol, Tourismus, Massenmedien, Energie und Bildungswesen erreichen wollte.

---

[2] Schonen ist eine historische Provinz im Süden Schwedens, welche bis ins 17. Jahrhundert zu Dänemark gehörte. Schonen hat rund 1,3 Mio. Einwohner auf einer Fläche von 10.968 km² (Regionfakta 2019).

Abbildung 2: Das Logo der Schonen-Partei. (Quelle: skanepartiet.org).

Bei den Kommunalwahlen im Jahr 1979 propagierte die am 24. März desselben Jahres gegründete Partei die folgenden Ziele: Eine schonische Provinzialregierung, ein unabhängiger Schonen TV-Sender sowie der freie Verkauf von Alkohol in der Region. Bei diesen wie bei den folgenden Wahlen im Jahr 1982 erreichte die Skånepartiet kein einziges Mandat.

1984 hatte die Partei rund 4000 Mitglieder[3], einen eigenen Radiosender sowie ein deutlich radikaleres Programm: sie forderte die Abspaltung Schonens in eine unabhängige Republik und kritisierte scharf Schwedens Immigrationspolitik (das vollständige Programm findet sich unter: http://www.skanepartiet.org/punkter/punkter.htm). Diese Strategie führte zum Erfolg bei den Wahlen 1985 in Form von insgesamt 11 Mandaten, davon 5 in Malmö, was zur Ablösung der seit 66 Jahren

Abbildung 3: Herslow im Jahr 2013. (Quelle: Scanpix).

amtierenden SAP[4] (Sveriges socialdemokratiska arbetareparti, Sozialdemokraten) führte (Wikipedia 2019). In den folgenden Wahlen drehte sich dieses Verhältnis wieder um und die Skånepartiet verlor kontinuierlich Mandate bis sie schließlich 2006 wieder auf Null waren.

Daran konnte auch eine höchst provokative Aktion im Jahr 2010 nichts mehr ändern, in deren Rahmen Plakate verbreitet wurden, auf denen ein nackter Mohammed mit seiner ebenfalls nackten 9-jährigen Ehefrau Aisha zusammen mit dem Slogan *"Er ist 53 und sie 9. Ist das die Art von Hochzeit wie wir sie in Schonen sehen wollen?"* abgebildet waren (The Local 2011).

---

[3] Die Mitgliedschaft kostet 200 schwedische Kronen pro Jahr (skanepartiet.org 2019).
[4] 1889 gegründet, ist die SAP Schwedens älteste und größte Partei (Socialdemokraterna 2019).

Inzwischen ist die Schonen-Partei in der Bedeutungslosigkeit versunken und hat so gut wie alle Parteimitglieder und Wählerinnen an die rechtsgerichtete und zunehmend erfolgreiche SD (Sverigedemokraterna, Schwedendemokraten) verloren (SD 2019).

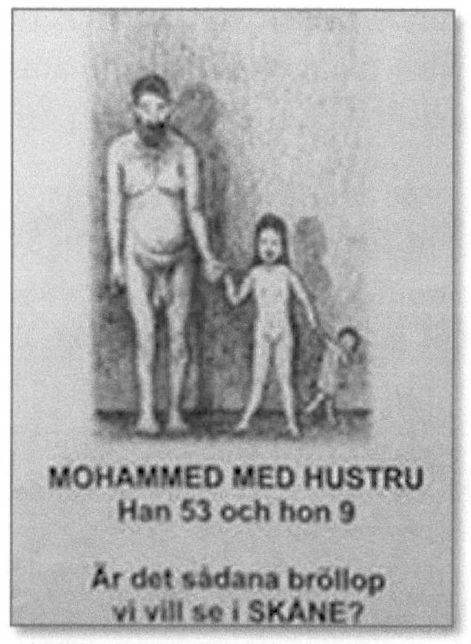

Abbildung 4: Vom Landesgericht untersagte Plakataktion aus dem Jahr 2010. (Quelle: skanepartiet.org).

Tjóðveldi (Die Republikaner[5])

Abbildung 5: Das Logo der Tjóðveldi. (Quelle: tjodveldi.fo).

Die Republikaner sind eine dem linken Spektrum zugeordnete politische Partei auf den Färöern, die eine unabhängige faröische[6] Republik anstreben (Tjóðveldi.fo 2019). Tjóðveldi wurde 1948 als Reaktion auf die faröische Volksabstimmung[7] im Jahr 1946, bei der über die Loslösung von Dänemark (dem Modell Islands folgend) entschieden wurde, gegründet.

Der negative Ausgang der Volksabstimmung führte über zähe Verhandlungen mit Dänemark im März 1948 zur Autonomie der Faröer. Dieser Status wurde 1953 auch in der dänischen Verfassung festgeschrieben, womit die Nation der Färinger völkerrechtlich anerkannt wurde. Die Faröer haben seitdem eine weitreichende Selbstbestimmung in allen inneren Angelegenheiten, während die Außen- und Verteidigungspolitik bei Dänemark verbleiben (Hübl/APA 2018).

Die wichtigsten Punkte des Autonomiegesetzes sind (Government of Faroe Islands 2019):

- Die Färöer sind eine sich selbst verwaltende Nation innerhalb des Königreichs Dänemark.

---

[5] Auch als Sozialisten bezeichnet; Tjóðveldi definiert sich auch als grüne Partei (Ministers 1999, S. 318).

[6] Die Färöer sind eine zu Dänemark gehörende Gruppe aus 18 im Nordatlantik gelegenen Inseln mit autonomer Selbstverwaltung (Faroe Islands 2015). Auf rund 1400 km² wohnen 50.000 Färinger, die faröisch als Haupt- und Dänisch als Zweitsprache sprechen (Statistics Faroe Islands 2019).

[7] Bei der Volksabstimmung wurde bei einer Beteiligung von knapp 68 Prozent nur mit knapper Mehrheit für die Loslösung votiert, weshalb Dänemark die Abstimmung nicht anerkannte (ZEIT (Archiv) 2012).

- Das frei gewählte Løgting[8] hat gesetzgebende Kraft, und der Regierungschef muss diese Gesetze ratifizieren.
- In allen für die Färöer relevanten außen- und sicherheitspolitischen Fragen erhalten die Färöer ein echtes Einbeziehungs- und Mitwirkungsrecht (Vertrag von Fámjin aus dem Jahr 2005)
- Jeder Färöer gilt als Angehöriger einer eigenen färöischen Nationalität, die entsprechend im dänischen Pass vermerkt wird. Die Staatsbürgerschaft ist also dänisch und die Nationalität färöisch.
- Die färöische Sprache ist Hauptsprache in allen Bereichen, Dänisch muss aber in der Schule so vermittelt werden, dass jeder Färinger es gut beherrscht.

Eine direkte Folge des Autonomiegesetzes sind die Ausweitung der färöischen Hoheitsgewässer auf 200 Seemeilen sowie die Verfügungsgewalt über eigene Bodenschätze (der Verdacht auf Erdölvorkommen hat sich jedoch bislang nicht bestätigt (Hermann 2016)).

Auch konnten die Färöer (aus wirtschaftlichen Gründen) 1973 den Beitritt[9] in die EU verweigern; kein Mitbestimmungsrecht haben sie allerdings über das dänische Grundgesetz (Verfassung).

---

[8] Das Løgting, dessen Wurzeln bis ins Jahr 900 zurückreichen, ist das Parlament der Färöer und eines der ältesten Parlamente der Welt.

[9] Der derzeitige Status ist jener eines Drittstaates, ergänzt durch ein bilaterales Fischereiabkommen, ein Handelsabkommen sowie eine Partnerschaft im EU-Programm für Forschung und Innovation (Hübl/APA 2018).

Tjóðveldi – unter der Führung von Høgni
Hoydal - strebt eine unabhängige färöische
Republik und damit die vollständige
Loslösung von der (Monarchie) Dänemark an.

Bei Løgtingswahlen schwankt der
Stimmenanteil der letzten Jahre um die 20
Prozent (Kringvarp Føroya 2015), die Partei
gehört damit neben den folgenden Parteien
zum Kreis der „vier Großen" (Nordsieck
2019):

Abbildung 6: Der
Parteivorsitzende von
Tjóðveldi, Høgni Hoydal.
(Quelle: Tjóðveldi.fo).

- Javnaðarflokkurin (JF) -
  Sozialdemokraten, **Unionisten**: 25%
- Fólkaflokkurin (FF) – Volkspartei (konservativ,
  wirtschaftsliberal), **Separatisten**: 19%
- Sambandsflokkurin (SB) – Unionspartei (konservativ-liberal,
  agrarisch), **Unionisten**: 19%

Die faröische politische Landschaft ist damit sehr vielfältig und
unterscheidet nicht nur zwischen **links** (Sozialdemokraten,
Republikaner) und **rechts** (Volkspartei, Unionisten), sondern quer dazu
auch zwischen der **Befürwortung der Reichsgemeinschaft** mit
Dänemark (Unionisten und Sozialdemokraten) und der **Loslösung**
(besonders Republikaner und Volkspartei). Die derzeit regierenden
Koalitionspartner sind Javnaðarflokkurin, Tjóðveldi und Framsókn
(Fortschrittspartei, liberal, Separatisten) (Nordsieck 2019).

Høgni Hoydal war 2008 der erste Außenminister in der Geschichte der
Färöer und ist derzeitig Minister für Fischerei sowie stellvertretender
Ministerpräsident und verfolgt den Sezessionskurs am konsequentesten
(deutschland 2001). Seine Unterstützerinnen finden sich oft in der
Arbeiterschaft und bei Intellektuellen und hauptsächlich in der
Hauptstadt Tórshavn (Hermann 2016).

Tjóðveldi pflegt die Zusammenarbeit mit republikanischen und linken Parteien in Grönland, Island, Norwegen, Schweden, Finnland und Dänemark und hat bewirkt, dass die Färöer seit 2007 weitgehend gleichberechtigt im Nordischen Rat[10] vertreten sind.

---

[10] Der Nordische Rat ist ein Forum der nordischen Länder, dessen Arbeit in fünf Fachausschüssen koordiniert wird (Wikipedia 2018).

Mögliche Folgen einer Sezession

Schonen

Wenn Schonen nun seine Unabhängigkeit, erlangen würde, würde sich die wirtschaftliche und politische Situation in Skandinavien, wenn nicht in ganz Europa spürbar ändern. Aufgrund der islamophoben und pressefeindlichen Haltung der nun freien Region unter Führung der Schonen-Partei wäre der Eintritt in die EU für die Republik Schonen erschwert, wenn nicht ganz unmöglich. Dies vor allem, da die Beitrittskriterien der EU den Schutz von Minderheiten und Pressefreiheit verlangen (EUR-Lex 2019). Somit wäre ohne eine Anpassung dieser - für die Skånepartiet allerdings grundlegenden - Einstellungen ein EU-Beitritt nicht möglich.

Auch ein NATO-Beitritt wäre schwierig, da sowohl Norwegen als auch Dänemark NATO-Mitglieder sind. Eine Abspaltung Schonens hätte negative Auswirkungen auf die wirtschaftliche Situation der beiden Länder und nicht zuletzt auch auf die politische Stabilität in der Region. Es ist daher also sehr unwahrscheinlich, dass Norwegen und Dänemark den Beitrittsantrag Schonens in die NATO akzeptieren würden. Die NATO jedoch verlangt für den Beitritt eines neuen Landes die Zustimmung aller Mitgliedsstaaten (NATO 2019), somit wäre ein Beitritt für Schonen praktisch unmöglich.

Da ein EU-Beitritt Schonens also unmöglich wäre, ist davon auszugehen, dass die Landesgrenzen zu Dänemark und Schweden normale EU-Außengrenzen im Sinne des Schengen-Abkommens darstellen.

Die Öresundbrücke (Øresundsbron 2019), welche zwischen Kopenhagen, der Hauptstadt Dänemarks, und Malmö, der größten Stadt Schonens, verläuft, könnte nun nicht mehr zollfrei überquert werden. Es gibt keine andere Landverbindung durch EU-Gebiete von Europa nach

Skandinavien, was nicht nur bedeutet, dass der Warenverkehr zwischen der EU und Skandinavien über Land mit **Durchfahrtszöllen** belegt, sondern die Abwicklung sich viel bürokratischer, kosten- und zeitaufwändiger gestaltet.

Auch ist es wahrscheinlich, dass aufgrund von Mengenbeschränkungen weniger Produkte von den Skandinavischen Ländern zum Europäischen Festland lieferbar wären, was eine erhebliche Preiserhöhung für besagte Produkte zur Folge haben würde.

Der Handel müsst auf die nächste Landverbindung, die zwischen Dänemark und Schweden plausibel wäre, ausweichen. Theoretisch könnte dies eine Brücke zwischen Sæby, einer dänischen Kleinstadt in der dänischen Nordregion, über die dänische Insel Læsø, weiter bis in die schwedische Stadt Göteborg sein. Die Luftlinie zwischen Sæby und Göteborg beträgt 96,12 km. Zieht man davon die Länge der Insel Læsø ab, beträgt die Entfernung etwa 79,62 km.

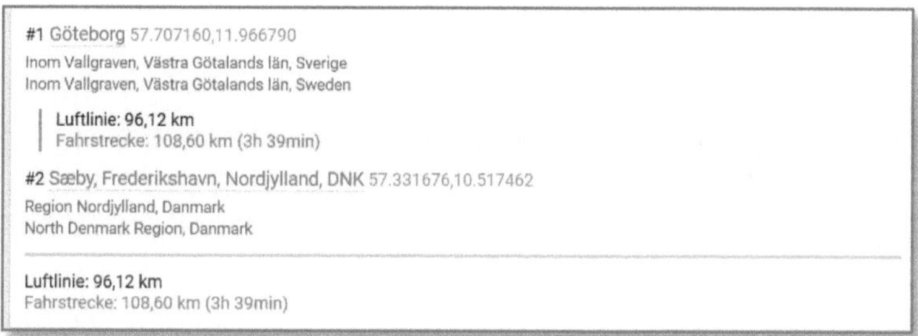

Abbildung 7: Berechnung der Entfernung zwischen Göteborg und Sæby.

Zum Kostenvergleich möchte ich die Öresund-Brücke heranziehen: Diese ist 7,845 km lang und hat etwa 1 Milliarde Euro gekostet, das sind etwa 127.470 Euro pro Meter.

Wenn die gleichen Baukosten beim Bau der neuen Brücke entstehen, wie es bei der Öresundbrücke der Fall war, würden die Baukosten

9.996.099.000 Euro betragen. Da das BIP von Dänemark 2018 etwa 369,76 Milliarden betrug, würden die Baukosten etwa 2,7% des BIP von Dänemark ausmachen.

Aber auch die Seewege wären von der Unabhängigkeit von Schonen nicht unberührt. Um Länder wie Polen, Finnland, Russland, Litauen, Lettland, und Estland über die Baltische See zu erreichen, muss man über die Öresund-Meerenge reisen. Dänemark besitzt einen Teil dieser Meerenge, somit können Schiffe wie bisher zollfrei den Weg über den dänischen Teil nehmen. Auf der östlichen Seite jedoch, bestünde ausschließlich Hoheitsgebiet der Republik Schonen. Wenn diese nun den Seeverkehr über ihre Gebiete verbieten würden, müssten die Schiffe eine andere Route nehmen (siehe http://map.openseamap.org) – den Nord-Ostsee-Kanal, oder andere Seerouten neben Dänemark (Gesellschaft f. SH-Geschichte 2019).

Die verstärkte Bereisung des Nord-Ostsee-Kanals, der gerade breit genug für zwei Schiffe ist, wäre jedoch prekär, und würde zu Stau an den Mündungen des Kanals führen, da dieser nicht die Kapazität für den erhöhten Seeverkehr hätte. Auch diese Gegebenheiten würden die Kosten für den Transport anheben, was wiederum zu erhöhten Güterpreisen in den oben erwähnten Ländern führen könnte.

Für die Schonenpartei ist die **Elimination des Islam** aus Schonen einer der wichtigsten Parteiprogrammpunkte. Laut ihrer Webseite verlangt die Partei, dass alle Anhänger des Islamischen Glaubens in Schonen nach Schweden auswandern (skanepartiet.org 2019). Etwa 1,4 Prozent der schwedischen Staatsangehörigen folgen dem Islamischen Glauben. Schonen hat etwa 1,3 Millionen Einwohner. Als solches kann man annehmen, dass mindestens 18.000 schwedische Staatsbürger in Schonen dem Islam angehören. Etwa 1,5 Prozent der Personen in Schonen sind Asylsuchende, dies entspricht etwa 19.800 Menschen. Da die Schonen-Partei auch verlangt, dass alle Flüchtlinge und Asylsucher aus Schonen auswandern, kann man davon ausgehen, dass etwa 38.000 Personen aus Schonen abgeschoben werden würden (Andersson 2016).

Da letztes Jahr in Schweden 21.472 Personen Asylanträge gestellt haben, würde diese neue Migrantenwelle einen 78,5%-igen Zuwachs der unfreiwilligen Migration in Schweden bedeuten.

Wie sieht es nun mit der **wirtschaftlichen Lage** des neuen Staates Schonen aus? 2002 betrug das BIP von Südschweden 34.648.600 €, 2006 stieg dieses auf 41.074.500 € (Statista 2019). Wenn wir also von einem linearen Wachstum ausgehen, kann man annehmen, dass das BIP von Südschweden 2018 53.926.300 € betrug.

In der Wirtschaftskrise 2008 ist Schwedens BIP von 513,97 Milliarden auf 429,66 Milliarden Euro gefallen. Dies bedeutet, dass das BIP etwa um 16,4% gefallen ist. Wenn wir nun das BIP von Südschweden 2008 linear berechnen, (44.287.450 Euro), und diesen dann um 16,4% reduzieren, errechnen wir für 2009 ein BIP von 37.022.714 Euro. Wenn wir nun von 2009 an von einem linearen Wachstum ausgehen, dann errechnet sich ein BIP von Südschweden 2018 von etwa 46.661.564 €.

Blekinge, die zweite Provinz Südschwedens (Region Blekinge 2019), hatte Ende 2016 158.453 Einwohner, Schonen 1.322.193 Einwohner. Der Einfachheit halber gehe ich davon aus, dass Blekinge etwa 10,7% der Einwohner beherbergt, und somit auch rund 10% des BIP Südschwedens erwirtschaftet. Bereinigen wir nun das BIP Südschwedens um jene 10,7%, dann errechnet sich das BIP Schonens für 2018 mit etwa 41.667.890 €. Ein hypothetischer souveräner Staat Schonen würde ursprünglich also etwa ein BIP von 41.667.890 € erwirtschaften.

Da ein signifikanter Teil dessen jedoch vom Handel mit anderen Ländern innerhalb der EU kommt, vor allem mit Deutschland, Norwegen, Finnland und Dänemark (CIA World Factbook 2019), würde ein freies Schonen eine gravierende Reduktion in seinem BIP erleben. Auch würde eine Nichtanerkennung Schonens durch Schweden zu Exportschwierigkeiten für den neuen Staat führen.

Da Schonen nur über einen natürlich vorkommenden Rohstoff in großen Mengen - Kohle – verfügt, müsste es alle anderen Rohstoffe importieren, was der Wirtschaft natürlich schaden würde.

Aufgrund der Küstenlage Schonens drängt sich als erste Alternative die Fischerei auf. Der Fischbestand in der Ostsee nimmt jedoch stets weiter ab (Spiegel Online 2015), nachhaltiger Fischfang wäre die richtige - wenn auch vorerst nicht lukrative - Entscheidung für Schonen.

Schonen ist schon seit jeher die „Kornkammer" Schwedens (Olsson; Svensson 2017), welches mangels alternativer klimatisch begünstigter Landstriche weiterhin auf landwirtschaftliche Produkte Schonens angewiesen sein würde. Somit könnte die Agrikultur eine der Haupteinnahmequelle Schonens darstellen.

Färöer

Im Gegensatz zu Schonen macht eine Abspaltung Färöers von Dänemark wirtschaftlichen und politischen Sinn. Schonen war und ist schon immer kulturell und wirtschaftlich eng verbunden mit Schweden, Färöer jedoch praktisch schon so gut wie von Dänemark unabhängig (Føroya landsstýri 2018).

Da die Färöer-Inseln so weit abseits des europäischen Festlandes liegen, ist ihre wirtschaftliche Situation auch kaum mit Dänemark vergleichbar. Wegen eines Konfliktes der Färöer-Inseln mit der EU um Fischereirechte in der Region und der von Faröern als ungerecht empfundene Unterrepräsentation im EU-Parlament würde ein freies Färöer nicht der EU beitreten wollen (Norbu 2018).

Da die Wirtschaft der Färöer-Inseln - neben etwas Tourismus und sich langsam entwickelnder Verarbeitung von Rohöl - momentan hauptsächlich aus Fischerei und Lachs-Aquakulturen besteht, und nur

2% ihres BIP Fördermittel aus Dänemark darstellen, könnte sich ein freies Färöer selbst erhalten. Da Russland aufgrund der EU-Sanktionen (es darf nichts von den Inseln in EU-Länder geliefert werden) der nun größte Handelspartner der Färöer-Inseln ist, würden auch in diesem Bereich kaum Probleme für Färöer auftreten. Im Gegenteil – da EU-Schiffe aus den färöischen Gewässern abziehen müssten, würde sich der Fischereiprofit wegen der höheren Befischungskapazität für Färöer wahrscheinlich steigern.

Gegen einen potenziellen NATO-Beitritt Färöers spricht auch kaum etwas – ihre Situation kann man ähnlich wie jene Islands sehen (Delegation Iceland to NATO 2019). Auch die Färöer wären ein Inselstaat im Nordatlantik, der für Militärstützpunkte der größeren NATO-Mächte verwendet werden könnte (Bauke 2018). Der einzige Grund, wieso Färöer nicht der NATO beitreten könnte, wäre, wenn Dänemark von seinem Veto-Recht Gebrauch machen würde.

Reflexion

Beim Verfassen dieser Portfolioarbeit bin ich unter ziemlich hohem Zeitdruck gestanden: Einerseits befand ich mich gerade in der Endphase des Schreibens meiner Vorwissenschaftlichen Arbeit (VWA), andererseits standen mehrere Tests in diversen Fächern an.

Neben dem Zeitdruck machte mir auch zu schaffen, dass ich gedanklich seit vielen Wochen beim VWA-Thema war und mich deshalb in das Thema dieser Portfolio-Arbeit anfangs nicht wirklich hineinfinden konnte. Klar habe ich inzwischen mehr Übung beim Schreiben und Zitieren, dennoch aber habe ich noch nie dermaßen „kämpfen“ müssen, um die Arbeit fertig zu bekommen. Zudem ist die Thematik zwar für mich hochinteressant aber auch gleichermaßen komplex.

Erst mit dem Schreiben des Kapitels über die möglichen Folgen einer Sezession meiner beiden gewählten Separatisten-Beispiele bin ich „in Fahrt“ gekommen.

Das Einführungs-Kapitel habe ich – neben der Reflexion natürlich – zuletzt geschrieben, wobei ich besonderen Wert darauf gelegt habe, was denn eventuelle gemeinsame Abspaltungsmotive sein könnten. Wider Erwarten gab es hier keinerlei zusammenfassende Literatur und ich musste einige Zeit mit dem Lesen mehrerer – wiederum sehr interessanter – Artikel zubringen, um gemeinsame Motive zu identifizieren und auch zusammengefasst zu Papier zu bringen.

Aufgrund der Komplexität des Themas ist die Arbeit auch deutlich länger als geplant geworden. Eine kürzere Darstellung wäre meines

Erachtens der Thematik aber auch nicht gerecht geworden (siehe das Eingangszitat).

So habe ich doch noch eine „runde Arbeit" geschafft, mit der ich auch sehr zufrieden bin, allerdings auf Kosten meiner gesamten Freizeit an den letzten Abenden und am Wochenende.

Elias Häfele, 2019

Literaturverzeichnis

Andersson, Roger (2016): Refugee immigration to Sweden. Online im Internet: URL:
http://urmi.fi/wp-content/uploads/2016/12/Refugee-immigration-to-
Sweden-%e2%80%93-national-and-local-challenges.pdf (Zugriff am:
03.02.2019).

Augstein, Jakob (2017): „Katalonien-Konflikt: Es lebe die Nation…" In: Spiegel
Online, 23. Oktober 2017. Online im Internet: URL:
http://www.spiegel.de/politik/ausland/katalonien-konflikt-es-lebe-die-
nation-kolumne-von-jakob-augstein-a-1174197.html (Zugriff am:
02.02.2019).

Bauke, Nicole (2018): Navy Times. Restoration of US air base in Iceland does not
mean troops will follow, Navy says. Online im Internet: URL:
https://www.navytimes.com/news/2018/01/10/restoration-of-us-air-base-
in-iceland-does-not-mean-troops-will-follow-navy-says/ (Zugriff am:
04.02.2019).

Bittner, Jochen u.a. (2012): „Separatismus: Am prächtigsten allein." In: Die Zeit,
22. November 2012. Online im Internet: URL:
https://www.zeit.de/2012/48/Essay-Separatismus-EU-Staaten (Zugriff am:
02.02.2019).

CIA World Factbook (2019): Europe :: Sweden — The World Factbook - Central
Intelligence Agency. Online im Internet: URL:
https://www.cia.gov/library/publications/the-world-
factbook/geos/sw.html (Zugriff am: 03.02.2019).

Delegation Iceland to NATO (2019): Government Offices of Iceland | Government.is.
Online im Internet: URL: https://www.government.is/diplomatic-
missions/delegation-of-iceland-to-nato/ (Zugriff am: 04.02.2019).

deutschland, Redaktion neues (2001): Die Linke strebt nach »Fullveldi« (neues
deutschland). Online im Internet: URL: https://www.neues-
deutschland.de/artikel/7293.die-linke-strebt-nach-fullveldi.html (Zugriff
am: 01.02.2019).

EUR-Lex (2019): Glossare von Zusammenfassungen - EUR-Lex. Online im Internet:
URL: https://eur-

lex.europa.eu/summary/glossary/accession_criteria_copenhague.html?local
e=de (Zugriff am: 03.02.2019).

Faroe Islands (2015): Where is Faroe Islands? Facts about location and size. Online
im Internet: URL:
https://web.archive.org/web/20150919072438/http://www.visitfaroeislan
ds.com/en/about-the-faroe-islands/location-and-size (Zugriff am:
30.01.2019).

Føroya landsstýri (2018): faroeislands.fo. Constitutional Status. Online im Internet:
URL: https://www.faroeislands.fo/government-politics/constitutional-
status/ (Zugriff am: 03.02.2019).

Gesellschaft f. SH-Geschichte (2019): Nord-Ostsee-Kanal « Gesellschaft für
Schleswig-Holsteinische Geschichte. Online im Internet: URL:
http://www.geschichte-s-h.de/nord-ostsee-kanal/ (Zugriff am:
03.02.2019).

Government of Faroe Islands (2019): Landsstýrið. The Political and Legal Status of
The Faroe Islands. Online im Internet: URL:
http://www.government.fo/en/foreign-relations/the-political-and-legal-
status-of-the-faroe-islands/ (Zugriff am: 31.01.2019).

Hermann, Rudolf (2016): „Die färöische Gretchenfrage | NZZ.“In: 5. Juni 2016.
Online im Internet: URL:
https://www.nzz.ch/international/europa/zukunftdes-atrantik-archipels-
die-faeroeische-gretchenfrage-ld.86883 (Zugriff am: 31.01.2019).

Hübl/APA, WZ Online, Miriam (2018): Europastaaten aktuell - Wiener Zeitung
Online. Verfassungsreferendum verschoben. Online im Internet: URL:
https://www.wienerzeitung.at/nachrichten/europa/europastaaten/960802
_Verfassungsreferendum-auf-unbestimmte-Zeit-verschoben.html (Zugriff
am: 31.01.2019).

Kringvarp Føroya (2015): | Kringvarp Føroya. Online im Internet: URL:
https://web.archive.org/web/20151021092246/http://kvf.fo/val/l2015
(Zugriff am: 01.02.2019).

Ladurner, Ulrich (2017): „Separatismus: Spalterische Leidenschaften.“ In: Die Zeit,
2. November 2017. Online im Internet: URL:
https://www.zeit.de/2017/45/separatismus-katalonien-europaeische-
union (Zugriff am: 29.01.2019).

Mändle, Markus (2019): Gabler Wirtschaftslexikon. Definition: Subsidiarität. Online im Internet: URL: https://wirtschaftslexikon.gabler.de/definition/subsidiaritaet-44920 (Zugriff am: 02.02.2019).

Ministers, Nordic Council of (1999): Equal Democracies?: Gender and Politics in the Nordic Countries. Nordic Council of Ministers.

Müller-Muralt, Jürg (2017): Die Gefahren des Wohlstandsseparatismus. Online im Internet: URL: https://www.infosperber.ch/Politik/Die-Gefahren-des-Wohlstandsseparatismus (Zugriff am: 02.02.2019).

NATO (2019): NATO. The North Atlantic Treaty. Online im Internet: URL: http://www.nato.int/cps/en/natohq/official_texts_17120.htm (Zugriff am: 03.02.2019).

Norbu, Ingrid (2018): Deutschlandfunk. Auf eigenem Kurs im Nordatlantik - Wohin steuern die Färöer Inseln nach dem Brexit? Online im Internet: URL: https://www.deutschlandfunk.de/auf-eigenem-kurs-im-nordatlantik-wohin-steuern-die-faeroeer.795.de.html?dram:article_id=423031 (Zugriff am: 04.02.2019).

Nordsieck, Wolfram (2019): Parties and Elections in Europe. Online im Internet: URL: http://www.parties-and-elections.eu/faroes.html (Zugriff am: 01.02.2019).

Olsson, Mats; Svensson, Patrick (2017): „Estimating agricultural production in Scania, 1702–1881: User guide for the Historical Database of Scanian Agriculture and overall results."In: (2017). Online im Internet: URL: http://portal.research.lu.se/portal/en/publications/estimating-agricultural-production-in-scania-17021881(94f24113-f810-4c1d-bd34-22405e41185b).html (Zugriff am: 03.02.2019).

Øresundsbron (2019): The Oresund Bridge | Welcome. Online im Internet: URL: https://www.oresundsbron.com/en/start (Zugriff am: 03.02.2019).

Region Blekinge (2019): Region Blekinge - Region Blekinge. Online im Internet: URL: https://regionblekinge.se (Zugriff am: 03.02.2019).

Regionfakta (2019): Folkmängd 31 december; ålder - Regionfakta. Online im Internet: URL: http://www.regionfakta.com/Skane-lan/Befolkning-och-hushall/Befolkning/Folkmangd-31-december-alder/ (Zugriff am: 30.01.2019).

Schmid, Thomas (2012): „Abspaltungstendenzen: Der großartige Separatismus der
Schotten."In: 18. Oktober 2012. Online im Internet: URL:
https://www.welt.de/debatte/kommentare/article109975520/Der-
grossartige-Separatismus-der-Schotten.html (Zugriff am: 02.02.2019).

SD (2019): Sverigedemokraterna. Sverigedemokraterna - Sveriges snabbast växande
folkrörelse. Online im Internet: URL: https://sd.se/ (Zugriff am:
30.01.2019).

skanepartiet.org (2019): Skånepartiet - www.skanepartiet.org. Online im Internet:
URL: http://skanepartiet.org/ (Zugriff am: 30.01.2019).

Socialdemokraterna (2019): Socialdemokraterna. Socialdemokraterna – Ett starkare
samhälle. Ett tryggare Sverige. Online im Internet: URL:
https://www.socialdemokraterna.se/ (Zugriff am: 30.01.2019).

Spiegel Online (2015): „Infografik zur Ostsee-Fischerei: Dorsche in Gefahr." In:
Spiegel Online, 22. Oktober 2015. Online im Internet: URL:
http://www.spiegel.de/wissenschaft/natur/ostsee-fischerei-infografiken-
zu-dorsch-hering-und-sprotte-a-1058937.html (Zugriff am: 03.02.2019).

Statista (2019): Statista. Bruttoinlandsprodukt | Schweden. Online im Internet:
URL:
https://de.statista.com/statistik/daten/studie/50179/umfrage/schweden-
--regionales-bruttoinlandsprodukt-nach-regionen/ (Zugriff am:
03.02.2019).

Statistics Faroe Islands (2019): Welcome to our website | Statistics Faroe Islands.
Online im Internet: URL: http://www.hagstova.fo/en (Zugriff am:
30.01.2019).

The Local (2011): Politician on trial for nude Muhammad poster - The Local. Online
im Internet: URL:
https://web.archive.org/web/20110310154958/http://www.thelocal.se/32
368/20110303 (Zugriff am: 30.01.2019).

Tjóðveldi.fo (2019): Tjóðveldi. Tjóðveldi. Online im Internet: URL:
http://www.tjodveldi.fo (Zugriff am: 30.01.2019).

Ubben, Eike (2014): Separatismus in der Europäischen Union am Beispiel von
Schottland und Katalonien. 1. Aufl. München: GRIN Verlag.

Wikipedia (2018): „Nordischer Rat." In: Wikipedia. Online im Internet: URL: https://de.wikipedia.org/w/index.php?title=Nordischer_Rat&oldid=183911 604 (Zugriff am: 01.02.2019).

Wikipedia (2019): „Scania Party." In: Wikipedia. Online im Internet: URL: https://en.wikipedia.org/w/index.php?title=Scania_Party&oldid=87844741 8 (Zugriff am: 29.01.2019).

ZEIT (Archiv), D. I. E. (2012): „Unabhängige Färöer." In: Die Zeit, 21. November 2012. Online im Internet: URL: https://www.zeit.de/1946/33/unabhaengige-faroer (Zugriff am: 31.01.2019).

Abbildungsverzeichnis

Abbildung 1: Das Logo der Schonen-Partei. (Quelle: skanepartiet.org). 8
Abbildung 2: Lage von Schonen in Schweden. (Quelle: Wikimedia). 7
Abbildung 3: Herslow im Jahr 2013. (Quelle: Scanpix). 8
Abbildung 4: Vom Landesgericht untersagte Plakataktion aus dem Jahr 2010. (Quelle: skanepartiet.org). 9
Abbildung 5: Das Logo der Tjóðveldi. (Quelle: tjodveldi.fo). 10
Abbildung 6: Der Parteivorsitzende von Tjóðveldi, Høgni Hoydal. (Quelle: Tjóðveldi.fo). 12
Abbildung 7: Berechnung der Entfernung zwischen Göteborg und Sæby. 15